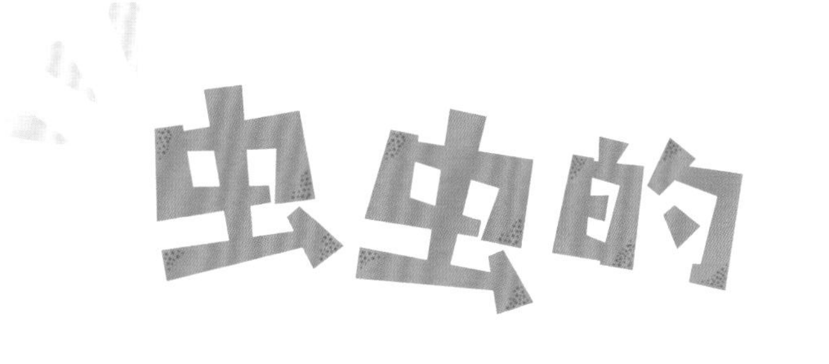

小知识与大秘密

清道“小超人”屎壳郎

[法] 韦罗妮可·科希 著
[法] 奥利维埃·吕布隆 绘
胡婧 译

GUANGXI NORMAL UNIVERSITY PRESS
广西师范大学出版社
·桂林·

朋友们，你们好呀！我来啦！

你们怎么见我就跑呢？
好伤心呀……
嗖——
嗖——

难道没有人愿意陪陪我吗?

呃……我可以陪你，但拜托你别靠我太近!

我理解，因为我的甲壳上有一股挥之不去的臭味……

不好意思，给我点儿时间，我得适应适应！

有什么办法呢？我的最爱就是粪便！
我感觉我们的对话越来越让人倒胃口了……

牛粪

兔粪

马粪

我的鼻子可灵了，能闻到几百米外粪便的味道。

这可真是一种实用的本领。

驴粪
新鲜
牛粪

某个地方一有牛粪落地，
我会立刻赶到现场！
我会先把粪便切成小块，
然后不断揉搓……
等小块粪便被揉成了
粪球，我就把它推进我住
的地穴中。
随后，我就可以
饱餐一顿啦！

我越听越想吐了……

啊！呕吐物可不是我的菜。我还是更喜欢你拉的屁屁。
别太过分哟！我可不是你的“行走的餐厅”！

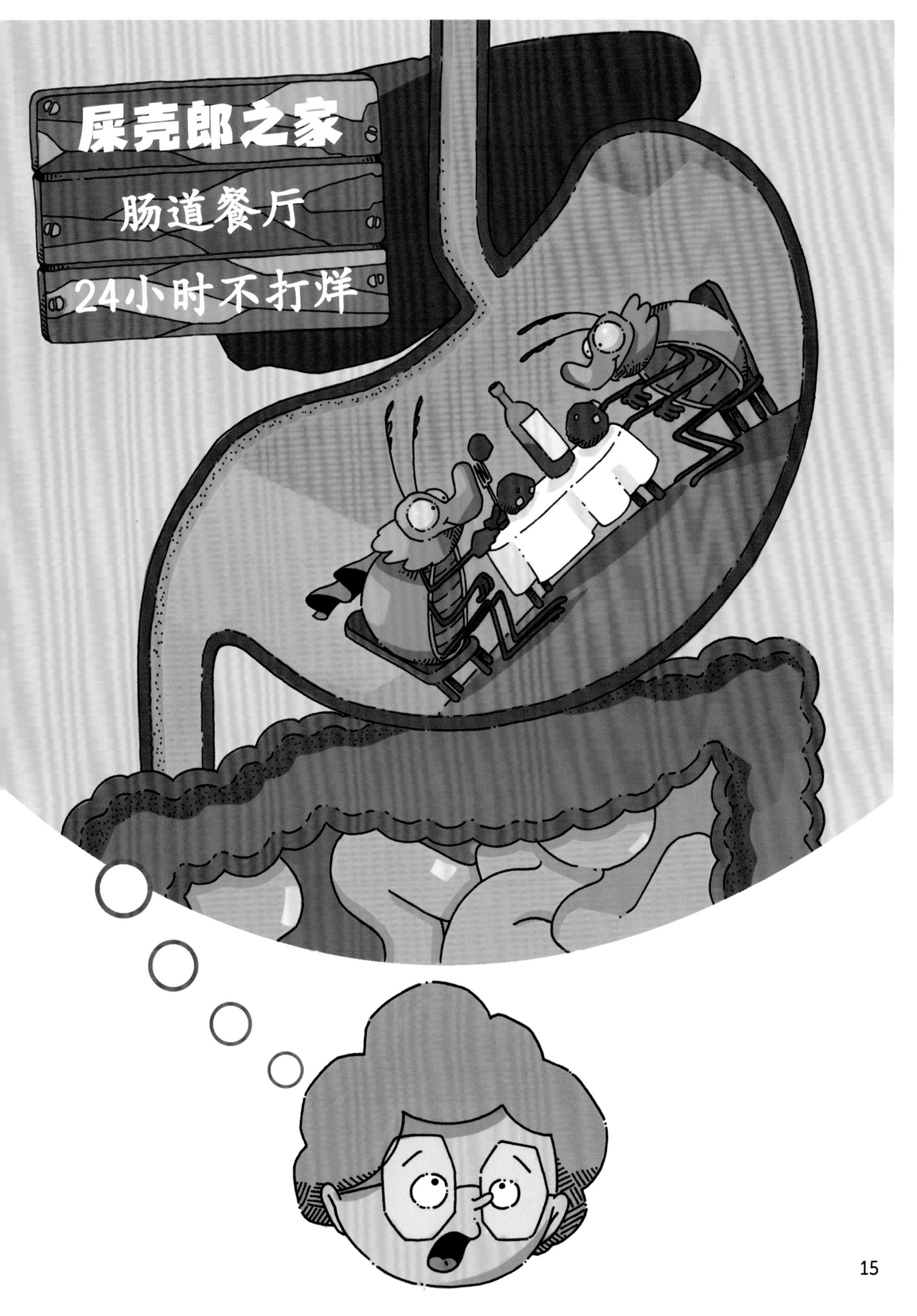
屎壳郎之家
肠道餐厅
24小时不打烊

叫“行走的水吧”才更准确，因为实际上我会把粪便榨成汁来饮用。

我没听错吧？太恶心了！

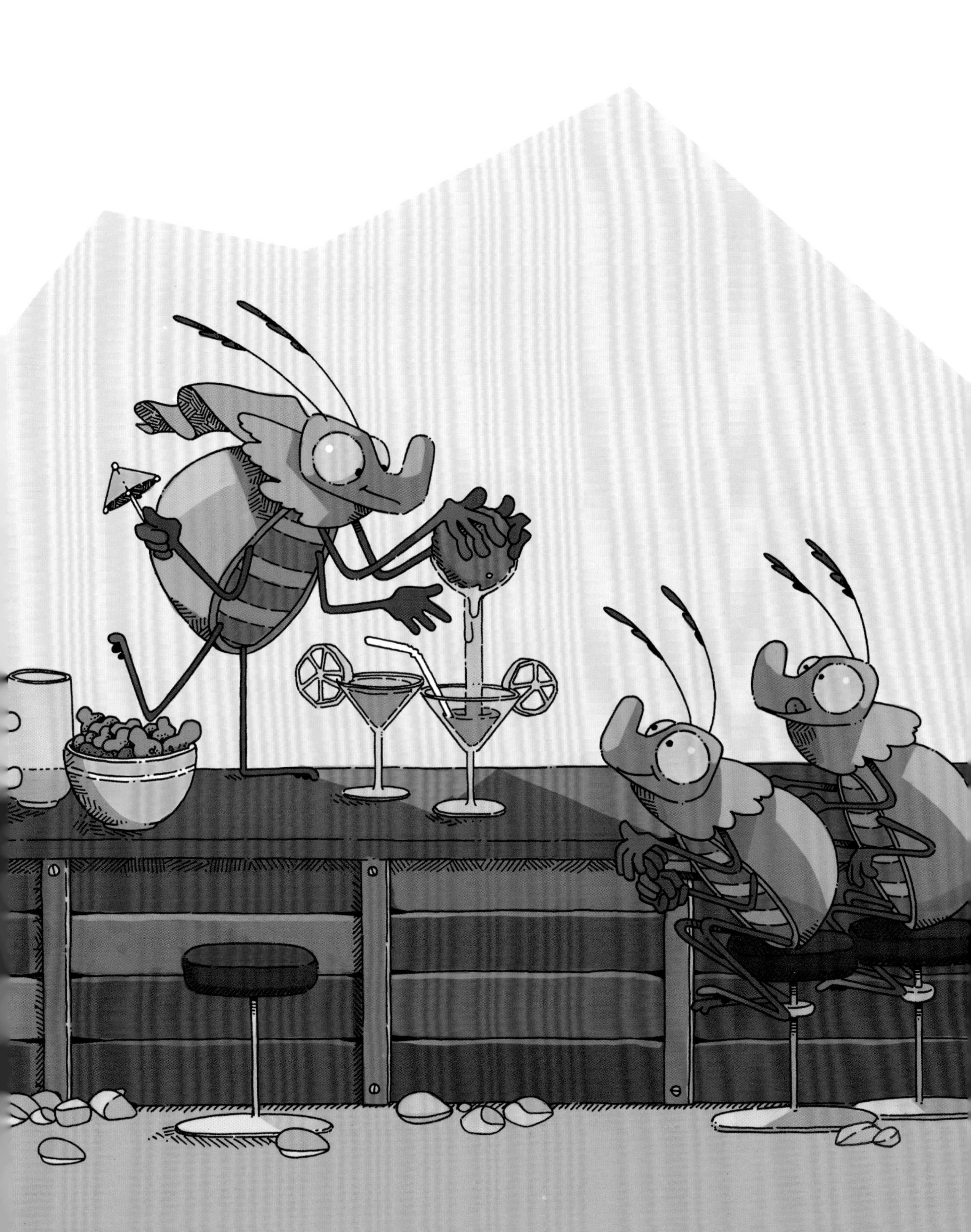

与其说“无法理解”，倒不如对我们说声“谢谢”，因为我和同伴会清除大自然中的粪便，并将它们埋藏到地下。
这真是份令人敬佩的工作！

你可别小瞧我，我这么做还能预防疾病呢！
真的吗？你从来都不生病吗？

小朋友，我说的不是我，而是家畜。地面上的粪便越少，苍蝇就越少。要知道，苍蝇会通过叮咬家畜来传播疾病。

多亏了你，这下兽医可要失业了！

别开玩笑了，严肃一点儿。假如粪便得不到及时清理，你脚下的土地将变成一片臭气熏天的烂泥滩！

你说得太夸张了，大自然中的动物粪便总会自己消失的。

可如果没有我们的话，让粪便消失得等上比现在长很多倍的时间！屎壳郎的工作效率可高了！

那倒也是。

粪便被埋到地下后可以“喂养”大地。
哈哈！看起来地球也是个贪吃的家伙啊！

你还在开玩笑！说正经的，要想让大地慷慨地哺育我们，我们必须先“喂养”大地，维护土壤健康！我埋的动物粪便可以使土壤变得肥沃，而我挖的地道可以让土壤更加疏松透气！

哦，那你们和蚯蚓应该是好朋友吧？

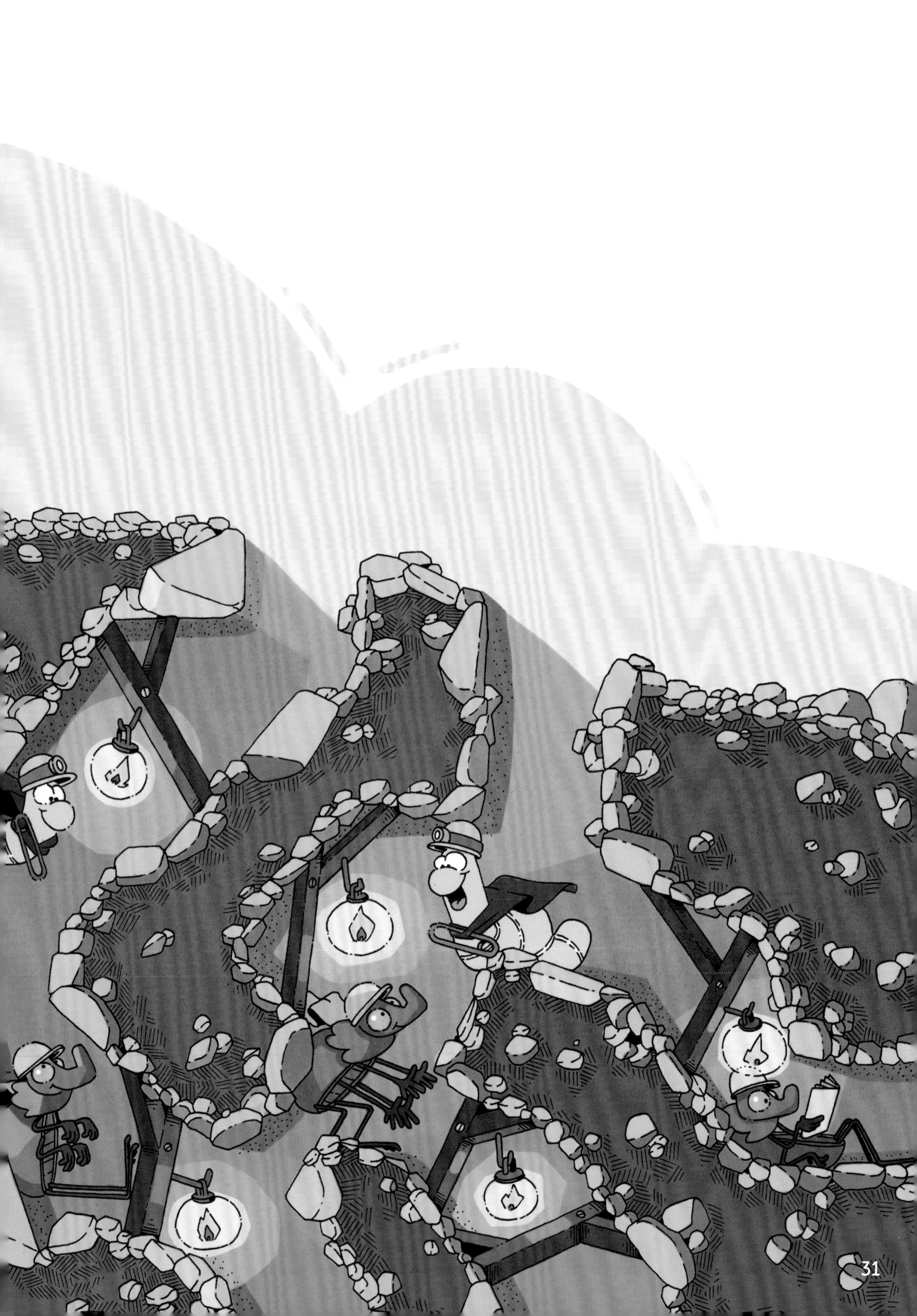

清道“小超人”屎壳郎是处理粪便的专家。你对此仍抱有怀疑的态度吗？不妨读一读下面的内容吧。

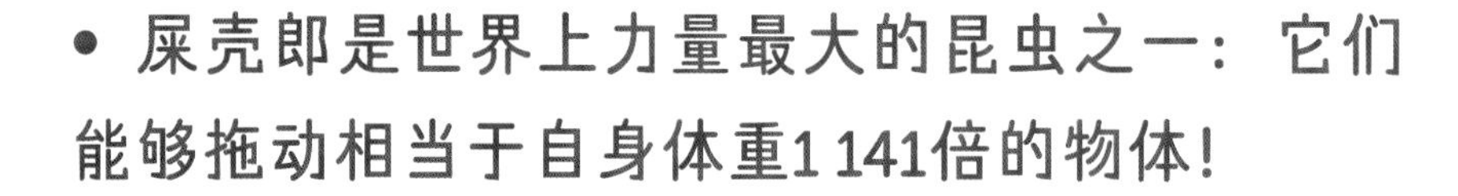

• 屎壳郎是世界上力量最大的昆虫之一：它们能够拖动相当于自身体重1 141倍的物体！

• 屎壳郎喜欢大口大口地吃动物的排泄物（粪便）！它们偏爱食草动物的粪便，因为这种粪便更多汁，而粪汁中往往含有屎壳郎维持健康所需的微生物。凭借高度发达的嗅觉，它们很轻松便能找到这种食物。

• 有些屎壳郎也吃食肉动物的粪便、一些真菌，以及腐烂的水果和树叶。它们的食欲非常旺盛：一只屎壳郎一天内能吃下超过自身体重的食物！

• 屎壳郎会把粪便切成小块，揉搓成粪球，然后埋入地下。它们这么做滋养了土壤——这就是所谓的“自然施肥”。这样，植物便能从土壤里汲取生长所需的养分，长得更高大。

• 人们的农场多亏了屎壳郎清理地表的粪便，从而避免了苍蝇（病菌携带者）的滋生，使家畜得到了更好的保护。

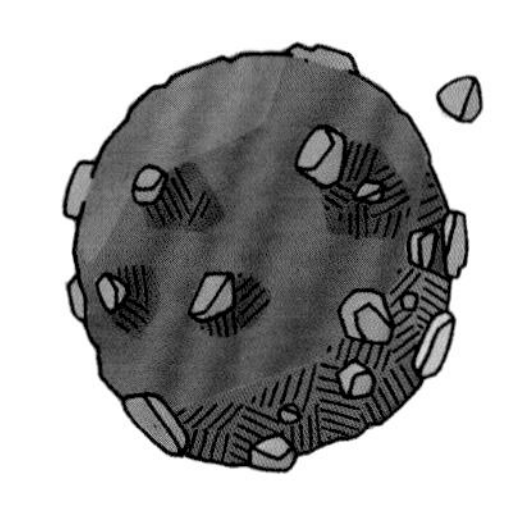

QINGDAO XIAO CHAOREN SHIKELANG
清道“小超人”屎壳郎

出版统筹：汤文辉　　责任编辑：宋婷婷
品牌总监：张少敏　　美术编辑：刘淑媛
质量总监：李茂军　　营销编辑：赵　迪　欧阳蔚文
版权联络：郭晓晨　张立飞　　张　建
责任技编：郭　鹏

著作权合同登记号桂图登字：20-2023-230 号

图书在版编目（CIP）数据

虫虫的小知识与大秘密：全 3 册. 清道“小超人”屎壳郎 /（法）韦罗妮可•科希著；（法）奥利维埃•吕布隆绘；胡婧译. --桂林：广西师范大学出版社，2024.3
（神秘岛. 奇趣探索号）
ISBN 978-7-5598-6691-2

Ⅰ. ①虫… Ⅱ. ①韦… ②奥… ③胡… Ⅲ. ①粪金龟科－少儿读物 Ⅳ. ①Q95-49

中国国家版本馆 CIP 数据核字（2024）第 015119 号

广西师范大学出版社出版发行
（广西桂林市五里店路 9 号　邮政编码：541004
网址：http://www.bbtpress.com）
出版人：黄轩庄
全国新华书店经销
北京博海升彩色印刷有限公司印刷
（北京市通州区中关村科技园通州园金桥科技产业基地环宇路 6 号　邮政编码：100076）
开本：889 mm × 1 194 mm　1/16
印张：2.25　　字数：34 千
2024 年 3 月第 1 版　　2024 年 3 月第 1 次印刷
定价：59.00 元（全 3 册）